ANALYSE CHIMIQUE

DES EAUX MINÉRALES

FERRO-MANGANÉSIENNES

DE CRANSAC

(Aveyron).

PAR MM.

O. HENRY,

Membre de l'Académie royale de médecine, chef des travaux chimiques de cette Académie, etc., etc.

ET

POUMARÈDE,

Élève interne des hôpitaux civils de Paris, préparateur au laboratoire de l'Académie royale de médecine, etc., etc.

LUE A L'ACADEMIE ROYALE DE MEDECINE.

PARIS.

IMPRIMERIE DE FAIN ET THUNOT,

RUE RACINE, 28, PRÈS DE L'ODÉON.

MAI 1840.

ANALYSE CHIMIQUE

DES EAUX MINÉRALES

DE CRANSAC.

Forest del.

Imp. Lemercier, Benard et C.

Eaux Minérales de Cransac,

Source de Mr. Richard.

ANALYSE CHIMIQUE

DES EAUX MINÉRALES

FERRO-MANGANÉSIENNES

DE CRANSAC

(Aveyron).

PAR MM.

O. HENRY,

Membre de l'Académie royale de médecine, chef des travaux chimiques de cette Académie, etc., etc.

ET

POUMARÈDE,

Élève interne des hôpitaux civils de Paris, préparateur au laboratoire de l'Académie royale de médecine, etc, etc.

LUE A L'ACADÉMIE ROYALE DE MÉDECINE.

PARIS.

IMPRIMERIE DE FAIN ET THUNOT,

RUE RACINE, 28, PRÈS DE L'ODÉON.

MAI 1840.

ANALYSE

DES EAUX (FERRO-MANGANÉSIENNES)

DE CRANSAC

(Aveyron) (1).

I.

Dans une contrée très-pittoresque du midi de la France, à travers des terrains qui ont subi et qui subissent encore sur divers points des réactions volcaniques non équivoques, coulent des eaux minérales qui, depuis longues années, jouent un rôle important dans la thérapeutique de plusieurs provinces.

Tous les ans, le petit bourg de Cransac, qui n'est qu'à quelques centaines de mètres de distance des sources les plus importantes, voit arriver dans ses murs de deux mille à trois mille malades venant de tous les points du Querci, du Languedoc, de l'Auvergne, etc.; et, tous les ans, il est exporté de Cransac dans ces mêmes provinces plus de cent mille bouteilles d'eau.

(1) En publiant ce mémoire avec M. Poumarède, je me fais un devoir d'annoncer que ce travail a été presque entièrement fait par ce jeune et laborieux chimiste, et que je me suis particulièrement borné à le guider dans plusieurs points de la marche qu'il a suivie. O. H.

La connaissance des propriétés médicales des eaux de Cransac semble remonter à des temps très-reculés ; il est très-probable que leurs sources ont été fréquentées par les Romains. Leurs propriétés physiques et la nature des terrains qu'elles traversent sont trop remarquables pour qu'elles n'aient pas été observées par quelqu'une des légions d'Albinius, de César et de Caninius, etc., qui, à différentes époques, ont battu cette contrée, et qui s'y étaient même retranchées (1).

Mais si on ne peut affirmer que les Romains aient eu connaissance des propriétés médicales des eaux de Cransac, on peut prouver par des pièces authentiques que, déjà en 900, elles avaient acquis une certaine importance. Diverses chartes de cette époque en font en effet mention ; une d'entre elles, trouvée dans les archives de l'église de Conques, rapporte que la deuxième année du règne de Charles le Simple, une femme nommée Avierna et son fils Bernard donnent à Arlalde, abbé du monastère de Conques, la fontaine et le village de Cransac (Mansum et fontem de *Caranciaco*) (2).

Un Raymond, comte de Toulouse et du Rouergue, en fait aussi mention dans son testament, qui date de 960 ; il en fait mention comme d'une donation importante (3).

(1) Tite-Live, et *Commentaires de César*, liv. 8.
(2) Bosc, *Histoire du Rouergue*, t. I, p. 43.
(3) *Histoire du Languedoc*, t. II.

D'après les traditions locales, et quelques publications du siècle dernier, les eaux de Cransac étaient beaucoup plus fréquentées vers les XVIe et XVIIe siècles qu'elles ne le sont aujourd'hui. Le chevalier de Jaucourt rapporte que, de son temps, elles attiraient beaucoup de monde en mai et en septembre, et qu'elles étaient fort en vogue à Paris (1); il fallait bien que cette vogue existât réellement en 1700, pour qu'à cette époque où la chimie n'était rien moins que dans l'enfance, le célèbre Lémery ait tenté d'en faire l'analyse (2). Ce n'est pas, disent les gens du pays, qu'autrefois il y vînt un bien plus grand nombre de malades qu'il y en vient aujourd'hui; mais on y venait de beaucoup plus loin, et généralement les personnes qu'on y remarquait appartenaient à un rang élevé de la société.

Cette différence provient évidemment de ce que certaines contrées, possédant des eaux minérales qu'on a crues analogues à celles de Cransac, ont su étaler aux yeux des riches émigrants ce luxe et ces plaisirs qui s'accordent si bien aux goûts de notre époque, tandis que Cransac de ce côté est tout à fait resté en arrière. Il n'y a pas bien longtemps qu'il était très-difficile de s'y procurer ce *confortable* et cette série de soins indispensables à tout individu soumis à un traitement quelconque. Et depuis quelques années

(1) *Encyclopédie de Diderot*, t. IX, p. 857.
(2) *Histoire de l'Académie des Sciences.*

seulement une route départementale permet d'y arriver en voiture; on y arrivait autrefois par des sentiers étroits et escarpés, où, malgré l'instinct de la monture à laquelle on était obligé de se confier, on courait risque de rouler dans quelque précipice.

Si malgré ces inconvénients en partie disparus, la foule a continué à se porter à Cransac, ce n'est point ici, comme en bien d'autres lieux, parce qu'il a plu à quelques praticiens à grande renommée de les préconiser dans leurs publications, ou de les ordonner à leurs nombreux malades. La nature chimique de ces eaux a été jusqu'à ce jour inconnue ou mal connue, et leurs propriétés médicales n'ont encore été bien appréciées que par les médecins de la contrée et par ceux des contrées environnantes. Au reste, le plus grand nombre des malades qu'on y voit, habitants des campagnes pour la plupart, viennent faire usage de ces eaux parce qu'ils savent qu'elles ont été favorables à quelqu'un de leurs parents ou amis, dans quelques maladies qu'ils croient analogues à celles dont ils sont affectés; et rarement ils se sont donné le luxe de consulter un médecin avant de se mettre en voyage.

Entraîné par cette vogue toute populaire, étrangère sans contredit à tout esprit d'*industrialisme*, un de nous a conduit à Cransac une personne qui le touche de très-près, et sur cette personne, il a pu constater de la manière la plus heureuse quelques-uns des bons effets thérapeutiques des eaux de ce pays; cette première considération et la prière de quelques membres de l'Académie de Médecine nous ont portés à entreprendre les travaux que nous allons décrire; et, pour donner une idée de l'importance que nous avons dû attacher à cette analyse, il nous suffira de dire d'abord sommairement :

1° Que la quantité de fer que renferme l'eau de quelques sources de Cransac est *énorme*, comparativement à celle qu'on a indiquée jusqu'à ce jour dans les sources les plus *ferrugineuses*;

2° Que toutes les sources de Cransac renferment un sel qu'on avait encore très-rarement admis dans la nature, et qui semble jouer le principal rôle dans leurs propriétés. Ce sel est le sulfate de manganèse; ce qui en fait une classe nouvelle d'eau minérale, comme l'avaient en quelque sorte prédit MM. Mérat et Delens, dans un article de leur excellent dictionnaire.

3° Que la plupart des sources de Cransac rougissent le tournesol; que cette action est due à l'acide sulfurique, qu'on pourrait admettre libre, comme l'a fait M. *Boussingault* dans les eaux de Rio-Vinagre, si on s'était borné à un simple aperçu, mais qu'une analyse rigoureuse nous a démontré dans un état complet de saturation;

4° Que plusieurs sources de Cransac, en raison de la grande quantité de sulfate de peroxyde de fer et de sulfate d'alumine qu'elles renferment, doivent être considérées comme toxiques, ce qui nous a portés à les diviser en deux groupes :

en *sources médicinales* et en *sources toxiques ;*

5° Enfin que les eaux de Cransac ne renferment ni chlorures ni carbonates ; nous n'y avons constaté que des sulfates, anomalie singulière qui, pour être comprise, demande quelques détails topographiques que nous allons donner.

II.

Détails topographiques.

Cransac est un très-petit bourg de l'ancienne province du Rouergue, agréablement situé sur le versant d'une colline, tout au fond d'une étroite vallée (la vallée de l'Aune), à cinq lieues nord de Villefranche, et à quelques milles seulement de l'antique petite ville d'Albin. Son horizon se trouve assez étroitement borné au nord et au sud par deux collines élevées, offrant de nombreuses ramifications, et qui toutes deux, se dirigeant parallèlement vers le sud jusqu'à quelques milles de distance, laissent entre elles un espace assez restreint, qui forme la vallée dont il vient d'être question.

La colline qui domine Cransac au sud n'offre à l'œil de l'observateur rien que de très-ordinaire dans ces contrées : une végétation pâle et rabougrie, qui ne couvre qu'imparfaitement un sol sec et aride ; çà et là quelques mamelons brusques, mais peu élevés, viennent faire contraste par leur nudité à la végétation active de la gorge la plus voisine. En voyant les grès calcinés et rougeâtres qui les forment et que le hasard a recouverts de quelques fragments de houille à demi brûlés, on dirait les décombres de quelque édifice détruit naguère par un vaste incendie.

La colline qui domine Cransac au N. et au N.-O. est d'un bien plus grand intérêt que celle dont il vient d'être question; tandis que sur la première, nous n'avons eu à constater que des phénomènes passés, sur celle-ci ce sont des phénomènes *volcaniques* en pleine activité que nous pouvons décrire. Si, en effet, on gravit cette partie de la colline qui se trouve vis-à-vis même de Cransac, on arrive bientôt sur un sol qui, sur quelques points, communique aux pieds de l'explorateur une chaleur très-sensible; où il a suffi de creuser à un ou deux mètres de profondeur pour obtenir des températures de 40 à 50 degrés centigrades, et du reste d'autant plus élevées, qu'on a pénétré plus avant dans l'intérieur du sol. Ainsi, d'après cette progression, encore mal établie, il est vrai, il est probable qu'on ne tarderait pas par ce moyen à arriver à une très-haute température.

Cette chaleur naturelle du sol a depuis longtemps reçu une application d'une grande importance pour beaucoup de malades qui viennent à Cransac. Sur divers points de la colline, des trous assez spacieux, de deux ou trois mètres de profondeur, ont été creusés; et tous les jours on voit se presser à la porte des cabanes qui les recouvrent une multitude de malades, qui viennent à peu de frais prendre des *étuves uniques* dans leur genre et dont l'expérience a démontré toute l'efficacité.

Mais ce n'est point là la seule partie de la colline sur laquelle on puisse constater *des vestiges plutoniques*. Si on la parcourt dans plusieurs sens on s'aperçoit bientôt que, sur une assez grande étendue, elle est soumise aux mêmes réactions. Dans quelques endroits le phénomène apparaît d'une manière beaucoup plus tranchée. Ainsi, au lieu dit le *Montet* (1), ce n'est plus cette douce chaleur qui semble favoriser le développement des racines vivaces des châtaigniers, c'est un volcan en pleine activité, sous une très-faible échelle si on veut, mais qui ne cesse depuis des siècles de vomir des vapeurs noires et sulfureuses.

Sur une étendue de cinquante à soixante mètres, le sol argileux de la colline, considérablement affaissé, se trouve réduit par une longue calcination en une poudre fine et mouvante. Et sa surface, irrégulièrement disposée, recouverte en grande partie par du soufre natif et par des efflorescences blanches ou rosées, laisse échapper par de nombreuses et larges fissures des gerbes de flamme qui répandent dans l'air d'abondantes vapeurs sulfureuses.

Ces flammes diversement colorées, ces vapeurs noires et sulfureuses, qui s'élèvent lente-

(1) Le coteau brûlant ; le puech qué ard en langue romane, dont parlent divers actes des XIIe et XIIIe siècles (Archives d'Aubin).

ment dans l'atmosphère en auréoles continues, et quelques curieux assez intrépides pour aller, une perche en main, explorer les crevasses du cratère, tout cela par une belle nuit d'automne, forme un tableau fantastique et grandiose bien digne d'être vu.

L'historien Bosc rapporte qu'en 1770, des bergers, sans doute dans le but d'éteindre ces feux volcaniques, dirigèrent dans le cratère, à l'aide d'une rigole, l'eau d'un ruisseau voisin, mais bientôt un bruit souterrain vint les glacer d'épouvante; le sol trembla sous leurs pieds, et bien leur valut de prendre la fuite, car au tremblement de terre succéda une détonation terrible, dont se rappellent encore quelques vieillards du pays. Et pendant quelques instants, le ciel fut inondé de lumière, puis obscurci par un nuage de cendres et de fumée.

Quelle est la cause de ces feux volcaniques? Doit-on tout simplement les attribuer, comme l'ont déjà fait quelques observateurs, à la combustion de fortes couches de houille, brûlant par quelques courants d'air accidentels? Quoique nous n'ayons pas fait une étude géologique approfondie de la contrée, d'après l'ensemble des phénomènes, et d'après les produits qui résultent de ces diverses réactions internes, nous ne saurions admettre cette explication dans toute sa simplicité (1).

(1) Il est plus probable qu'elle dépend encore de la décomposi-

Un fait qui paraît étrange, et qui s'explique difficilement, c'est que le versant de cette colline donne naissance, dans toute l'étendue soumise aux réactions dont nous venons de parler, à une multitude de sources plus ou moins abondantes, tandis que sur tous ses autres points, et même dans toute la contrée, les sources sont en général assez rares.

Les eaux de ces sources toutes plus ou moins styptiques et salées, que nous considérons comme des déjections volcaniques, semblent agir d'une manière aussi efficace sur la végétation que quelques-unes sur l'économie animale, car la vallée de Cransac, qu'elles arrosent, n'est, à vrai dire, qu'une prairie toujours verte, ornée de bouquets d'arbres d'une vigueur peu commune.

Ainsi, comme on doit déjà le remarquer, le paysage de Cransac n'est pas dépourvu d'originalité, et vaut la peine d'être connu; mais pour bien le juger, il faut l'embrasser dans son ensemble d'un des points culminants de la contrée : alors la vue découvre cette agglomération bizarre de maisons, qui constitue la petite ville d'Aubin, constructions qu'on dirait stratifiées sur les assises de ce roc couronné si pittoresquement par cette tour carrée, que dix-huit siècles n'ont fait que brunir (1). Plus loin ap-

tion des pyrites qui se trouvent dans ce terrain schisteux ; c'est d'ailleurs ce que la nature des produits indique.

(1) D'après quelques auteurs, les fortifications romaines d'Au-

paraissent, à travers les genêts et les châtaigniers, des collines rougeâtres, dont quelques-unes laissent échapper des auréoles de vapeurs; puis enfin une vallée d'un vert sombre, au fond de laquelle, parmi des aulnes, des chênes et des hêtres d'une remarquable végétation, on aperçoit le bourg de Cransac à l'allure quelque peu féodale.

Si Cransac, vu à distance, produit un effet assez agréable, il n'en est pas tout à fait de même quand on l'approche de très-près. Une trentaine de maisons irrégulières et assez mal bâties, groupées de manière à ne former qu'une seule rue étroite et tortueuse, précédées d'un vieux château démantelé; voilà ce qui compose le bourg. A l'intérieur les maisons sont en général disposées peu commodément, et les habitants, d'une apathie proverbiale dans la contrée, paraissent avoir horreur de tout ce qui s'écarte un peu de leur manière de vivre tant soit peu rustique.

Mais, hâtons-nous de le dire, il est à Cransac quelques personnes instruites qui ont compris ce qui manquait à leur pays; aussi, grâce à ces

bin auraient été bâties pendant que César ou ses généraux faisaient le siége d'Uxellodunum, aujourd'hui Cap-de-Nac, qui se trouve très-près de là, par un Romain du nom d'*Albinus*. Cette opinion ne nous paraît pas reposer sur des rapports authentiques, et nous pensons qu'il serait tout aussi naturel d'admettre que c'est là un des jalons les plus reculés de la Gaule narbonnaise telle que l'a laissée le consul P. Albinius à une époque antérieure aux conquêtes de César.

personnes, tous les ans le petit bourg est doté de quelques améliorations utiles (1). Aujourd'hui on y trouve des logements commodes, et quelques tables d'hôtes servies à profusion, où, malgré le peu d'art et le désordre qui président parfois dans les services, quelques gastronomes exercés ne dédaignent pas de venir s'asseoir, pour savourer à leur aise le gibier de Cransac, dont la réputation s'étend presque aussi loin que celle de ses eaux.

III.

Histoire chimique.

Comme nous avons déjà eu occasion de le faire remarquer, Lémery s'est occupé, en 1700, de l'analyse chimique des eaux de Cransac, et il a fait à peu près tout ce que l'on pouvait attendre à cette époque où l'analyse était encore si peu avancée. Ainsi, après avoir donné la quantité de résidu fourni par un poids déterminé d'eau, il s'est borné, pour tout résumé, à dire que ces eaux étaient *vitrioliques*.

Depuis Lémery jusqu'à ce jour, il n'a paru d'autres publications sur la nature et les propriétés des eaux de Cransac, qu'un mémoire de M. Murat, médecin renommé dans la contrée. Dans ce mémoire, on trouve à la vérité des observations

(1) Parmi ces personnes, nous devons citer les MM. Richard qu'on devrait seconder un peu mieux qu'on ne l'a fait jusqu'à ce jour.

médicales fort justes et consciencieuses, mais la partie chimique nous a paru présenter quelques points sujets à controverse ; c'est ce qui nous a engagés surtout à entreprendre de nouveaux essais.

Enfin, Vauquelin paraît avoir examiné, il y a une vingtaine d'années, le résidu formé par l'évaporation de l'eau d'une source trouvée en 1811, et qui, nous a-t-on dit, n'a jamais été bue que par un très-petit nombre de malades. Pendant notre séjour à Cransac, nous avions vainement cherché à nous procurer les résultats de cette analyse, et ce n'est que dans ces derniers temps que le hasard nous l'a fait rencontrer dans une page isolée de la deuxième édition de la brochure de M. Murat. En annonçant les résultats de l'analyse des sources de Bezelgues, nous indiquerons ceux attribués à Vauquelin.

IV.

Analyse qualitative (1).

Comme les eaux de toutes les sources de Cransac présentent une grande analogie de com-

(1) L'analyse des eaux de Cransac a été faite en partie sur les lieux, en partie dans le laboratoire de l'Académie royale de Médecine ; sur les lieux on a recherché les gaz, constaté, à l'aide des réactifs, quelques-unes de leurs propriétés au point d'émergence ; et dans le laboratoire, nous avons recherché et dosé les divers principes dont elles sont formées. Pour ce travail nous avons pris non-seulement : 1° des eaux que l'un de nous avait puisées lui-même à Cransac, étiquetées et scellées en présence de quelques notables de la contrée ; 2° mais encore les résidus obtenus de l'évaporation de ces eaux dans le laboratoire de M. Andrieux,

position (1), les procédés suivis pour l'analyse ont été à peu près les mêmes pour toutes ; aussi nous nous bornerons à les décrire d'une manière générale, en plaçant à leur suite tous les résultats obtenus; nous les ferons seulement suivre ou précéder par les observations qui sont spéciales à chaque source.

A. Les eaux de Cransac sont incolores, inodores, d'une saveur plus où moins styptique, elles rougissent toutes le papier de tournesol, avec plus ou moins d'intensité, et coulent à la température de 10 à 12° centigrades.

Chauffées dans un ballon qui, par un tube recourbé, communique à une dissolution de chlorure de baryum ammoniacal, elles n'ont jamais indiqué aucune traces de gaz carbonique; par une ébullition prolongée, nous n'avons, du reste, pu y démontrer aucun autre gaz.

L'ammoniaque liquide, l'oxalate d'ammoniaque, les carbonates alcalins déterminent dans toutes des précipités plus ou moins sensibles.

L'acide sulfurique, versé dans l'eau de chaque source n'y a jamais occasionné aucune espèce d'effervescence, et le nitrate de baryte y a toujours déterminé des précipités très-abondants.

Dans quelques cas seulement le nitrate d'ar-

pharmacien à Cransac; enfin, les résidus que nous devons encore à la complaisance de ce dernier, auquel nous nous empressons de témoigner ici notre reconnaissance.

(1) La source du pré Galtier, qui est très-rapprochée d'Aubin, fait exception à toutes les autres.

gent y a indiqué de très-faibles traces de chlorures.

B. Après ce premier aperçu, et pour obtenir des réactions moins complexes et plus tranchées, nous avons évaporé d'assez grandes quantités d'eau de chaque source, et les divers résidus blancs, gris ou ocrassés nous ont servi aux expériences qui vont suivre.

a. Ces résidus, traités par les acides, n'ont jamais dégagé de gaz carbonique.

Chauffés dans un tube fermé, avec de l'acide sulfurique et de la tournure de cuivre, ils n'ont démontré dans les produits de réaction aucune trace d'acide nitreux.

Traités par l'eau distillée, tous ces divers résidus ont donné des liqueurs fortement styptiques, rougissant le papier de tournesol; le nitrate d'argent n'y a que rarement démontré des indices de chlorures; mais le chlorure de baryum y a constamment occasionné un précipité abondant de *sulfates*. Un foule d'essais tentés dans le but de rechercher la présence des acides boriques phosphoriques ayant été sans résultats, il reste évident pour nous que les eaux de Cransac ne renferment d'autre acide que l'acide sulfurique; cet acide s'y trouve dans un état complet de *saturation;* car, si on traite les divers résidus d'évaporation, ou bien les eaux elles-mêmes évaporées jusqu'à pellicule par l'alcool éthéré, on ne parvient jamais à en dissoudre la moindre trace, et l'analyse quantitative est venue du reste corrober cette dernière assertion.

Nous avons ensuite procédé à l'analyse des bases.

b. Des résidus de chaque source ont été fortement calcinés dans un creuset de platine afin de décomposer les sulfates de la deuxième et de la troisième section. Les résidus, d'un gris noir plus ou moins foncé, ont été traités par l'eau distillée à la température de l'ébullition, pour dissoudre les sulfates indécomposables à une température élevée. Les liqueurs, après filtration, ont toutes indiqué la présence du sulfate calcaire par l'oxalate d'ammoniaque, tandis que traitées par le carbonate de cette base, filtrées, puis évaporées jusqu'à siccité et calcinées, elles n'ont point donné de résidu ; elles ne renferment donc ni soude, ni potasse, ni lithine.

Quelques expériences tentées dans le but de constater la présence de la strontiane ont été aussi sans succès.

Les résidus provenant de la calcination et privés, par des lavages à l'eau chaude, des principes solubles, dans ce liquide, ont ensuite été traités par l'acide acétique faible. Les nouvelles liqueurs ont toutes indiqué par l'ammoniaque ou le carbonate de cette base, la présence de la *magnésie* en plus ou moins grande quantité.

Dans les résidus indissous par l'eau et par l'acide acétique, nous avons recherché les oxydes de la deuxième et de la troisième section ; et pour arriver à ce but, nous les avons calcinés avec l'hydrate de potasse pur et le chlorate de cette base. Les produits de ces diverses calcinations, traités par l'eau distillée, ont tous, ou presque tous, fourni du *manganate* et de l'*hyper-manganate* de potasse (caméléon de Schèele).

Quant à ces nouvelles liqueurs, séparées des parties insolubles, et débarrassées du manganèse par l'addition de quelques gouttes d'alcool et l'action d'une température de 60 à 80° (1) centigrades, nous y avons recherché l'alumine. En effet, traitées par l'acide nitrique étendu, et rapprochées à siccité, elles ont laissé toutes une quantité plus ou moins grande de cette base. Enfin, la partie que la potasse n'a pu rendre soluble, dissoute à chaud dans l'acide chlorhydrique, a indiqué, par le cyanure jaune de potassium, l'ammoniaque, etc., tous les caractères des *persels de fer*.

En résumé, on voit, d'après ce qui précède, que les eaux de Cransac renferment les oxydes de manganèse, de fer, d'aluminium, de calcium, et de magnésium, combinés seulement à l'acide sulfurique.

Tout ceci bien établi, nous avons procédé à l'analyse quantitative.

(1) Ce procédé nous a paru être d'une très-grande simplicité quand on veut précipiter le manganèse d'un liquide où il s'y trouve à l'état de manganate et d'hyper-manganate ; quelques gouttes d'alcool suffisent si les liquides sont peu colorés.

V.

Analyse quantitative.

Il fallait d'abord chercher à combien de sels secs correspondaient 1000 grammes d'eau ; pour cela, nous avons évaporé les eaux que l'un de nous avait puisées aux sources mêmes.

N'ayant à reconnaître qu'un acide, nous l'avons dosé le premier. Une quantité déterminée de chaque résidu a été traitée par une dissolution de potasse pure en excès, et, après une courte ébullition, on a laissé déposer, les liqueurs devenues claires ont été décantées, et le précipité séché a été lavé à grande eau ; ces eaux de lavage réunies aux premières liqueurs ont été filtrées et traitées ensuite par le chlorure de baryum ; du poids du précipité de sulfate de baryte sec on a déduit celui de l'acide sulfurique.

Le sulfate de chaux a été dosé par le procédé suivant : des quantités déterminées de chaque résidu ont été fortement calcinées. Par cette calcination, tous les sulfates, celui de chaux et une partie de celui de magnésie exceptés, ont été décomposés ; on a réduit en poudre le résidu pour le traiter à chaud par un excès très-grand d'eau distillée. On a ajouté dans les liqueurs claires du carbonate de soude pur en excès, qui donne un précipité de carbonates de chaux et de magnésie. Les carbonates lavés ont été transformés en chlorures à l'aide de l'acide hydrochlorique ; et les chlorures par la calcination ont donné un moyen facile de séparer la chaux de la magnésie, le chlorure de calcium n'étant pas décomposable par une forte chaleur, tandis que celui de magnésium l'est en entier (1); et la quantité de chlorure de calcium nous a conduits à celle du *sulfate* calcaire. Nous avons toujours tenu compte des traces de magnésie que ce premier traitement nous a indiquées.

Dans une source (la source basse Richard), nous avons pu doser le sulfate de chaux par un procédé peut-être moins rigoureux que le précédent, mais aussi beaucoup plus expéditif. Le résidu provenant de la calcination a été traité à chaud par de l'eau aiguisée d'acide chlorhydrique, et la solution, évaporée à moitié, a été ensuite abandonnée à l'évaporation spontanée; le sulfate s'est déposé à l'état de cristaux aiguillés d'un bel aspect, et il a suffi de jeter ces cristaux dans l'eau distillée faiblement alcoolisée pour le débarrasser de tous les chlorures qui avaient pu se former.

Pour connaître le poids total du sulfate de magnésie, on a chauffé doucement le résidu provenant de la première calcination, avec l'acide acétique faible, et la liqueur acide décantée, traitée à l'ébullition par le carbonate de soude, nous a

(1) Quand on a soin de calciner fort longtemps et à une très-haute température le chlorure de magnésium à l'air, il se change complétement en magnésie; le chlorure calcique n'éprouve pas d'altération sensible.

donné un précipité de carbonate de magnésie, dont le poids de la base a été réuni à celui déjà indiqué dans le dosage du sulfate calcaire.

Nous avons ensuite dosé le sulfate d'alumine (1). Dans ce but, nous avons calciné à l'air les divers résidus, et nous les avons chauffés fortement avec du chlorate et de l'hydrate de potasse pur. On a traité le produit par l'eau; puis les liqueurs claires, débarrassées du manganèse par l'addition de l'alcool, comme on l'a dit précédemment, ont été neutralisées avec l'acide nitrique; en évaporant doucement, l'alumine s'est séparée sous la forme d'une gelée. Lavée et calcinée, son poids a conduit par le calcul à celui de son sulfate (2).

Enfin, il restait encore à doser le fer et le manganèse indiqués par l'analyse qualitative (3). Pour ce dosage, l'emploi du benzoate ou du succinate d'ammoniaque parfaitement neutre avait été considéré, jusqu'à ce jour, comme le meilleur moyen; mais ce procédé ne nous a réussi que très-imparfaitement. La différence de solubilité qui existe entre le benzoate ou le succinate de sesqui-oxyde de fer et le benzoate ou succinate de protoxyde de manganèse, n'est pas assez

(1) Dans les eaux de Cransac, il semble provenir de la décomposition des pyrites schisteuses, qui paraît, avec les sulfates de fer et de manganèse, former des espèces d'aluns manganésiens et ferriques.

(2) Nous rappellerons que nous avons déjà dit qu'aucune trace de *potasse* ou de soude ne pouvait annoncer la présence ici de l'alun ordinaire.

(3) Nous n'avons point trouvé de cuivre dans ce mélange.

grande pour qu'il soit possible de séparer les deux sels d'une manière nette et tranchée ; en outre, ces procédés présentent un inconvénient qui nous paraît grave dans les analyses de précision ; c'est que le benzoate ou succinate de sesqui-oxyde ferrique, de même qu'un grand nombre de sels de ce métal au maximum, et, en particulier, le sulfate, comme on le verra bientôt, ont la propriété de passer par le contact de l'eau à l'état de *sels acides solubles* et de *sous-sels insolubles*. Il est vrai de dire que cette action est d'autant moindre que la température est plus basse. Mais comme dans ce traitement on n'obtient qu'une réaction à peine sensible si on ne chauffe pas le mélange, il en résulte que ce procédé ne peut servir à isoler d'une manière rigoureuse les quantités de fer et de manganèse contenues dans un mélange.

Nous avons donc mis en pratique un mode qui nous semble préférable, et qui est d'une exactitude aussi rigoureuse qu'il est possible de l'espérer. Ce procédé n'est que l'application de celui déjà décrit par le docteur *Fuchs* pour apprécier des quantités de *protoxyde* et de *sesqui-oxyde* de fer mêlés ou existant dans une combinaison saline ; il repose sur ce principe : *que du cuivre pur mis en contact avec l'acide hydrochlorique ne perd rien de son poids, même à la température de l'ébullition*, si toutefois on a soin de prévenir l'oxydation du cuivre par l'absence de l'air ; *et si on ajoute du sesqui-oxyde, il se dissout une quantité de cuivre proportionnelle au demi-équivalent d'oxygène qui fait passer le fer de l'état de protoxyde à l'état de sesqui-oxyde.* Cette quantité connue, on arrive à celle du *sesqui-oxyde.*

On conçoit très-bien qu'il importe peu que le sesqui-oxyde soit mélangé à tout autre oxyde, pourvu que celui-ci ne puisse céder aucune portion d'oxygène au cuivre.

Partant de ces données, nous n'avons eu par conséquent qu'à prendre un poids déterminé du mélange d'oxydes provenant de la calcination des sulfates, et débarrassé de tous les autres principes signalés par l'analyse; on l'a traité alors par l'acide hydrochlorique pur en excès. L'opération a été faite dans un tube fermé, assez long, pour pouvoir facilement chauffer à la lampe à l'alcool. La dissolution complète opérée, nous avons ajouté dans la liqueur quelques boutons de *cuivre pur*, *pesés très-exactement*, et que nous avions nous-mêmes préparés par déplacement et fusion. On a ensuite chauffé jusqu'à disparition complète de la couleur des sels de fer au maximum, et jusqu'à ce qu'elle n'a plus indiqué que des sels de fer protoxydés.

La diminution du poids des boutons de cuivre nous a donné la demi-proportion d'oxygène, du sesqui-oxyde, et le calcul nous a fourni le reste, puisqu'on savait le poids primitif du mélange des deux oxydes.

VI.

Eaux médicinales.

Nous plaçons dans cette classe les eaux de toutes les sources de Cransac, qui, d'après les quantités de divers principes dont elles sont formées, ne peuvent provoquer d'accidents graves quand elles sont bues à des doses qui ne dépassent pas le poids de 2000 à 3000 grammes dans toute la matinée. Cependant, nous croyons devoir engager tous les malades à ne boire jamais ces eaux sans avoir consulté un médecin du pays; car, ainsi qu'on pourra le remarquer plus loin dans la partie où nous parlons des propriétés médicinales des eaux de Cransac, autant elles sont efficaces quand elles sont administrées avec indication, autant elles peuvent occasionner de désordres et d'accidents graves sur l'économie animale lorsque leur usage est contre-indiqué.

Eau de la source haute ou forte Richard.

Cette source est au nord-ouest de Cransac, sur un point assez élevé de la colline, près d'un groupe de maisons portant le nom de *la Pélonie.*

L'eau de cette source est celle qui nous a présenté les résultats les plus curieux; c'est aussi celle que les médecins désignent comme *la plus active.*

Elle n'offre rien de bien particulier dans ses propriétés physiques, si ce n'est une saveur assez fortement styptique, qui cependant est peu désagréable au goût; les réactifs y indiquent du sulfate de fer au *maximum d'oxydation*, dont elle laisse déposer une partie à l'état de *sous-fer sulfaté* par l'action d'une température qui peut varier de 50 à 100°.

Les résultats des diverses analyses *quantitatives* opérées, comme il a été dit, sur des résidus que nous avions apportés nous-mêmes de Cransac, ou de ceux que nous devons à l'extrême complaisance d'un honorable pharmacien de ce pays, M. Andrieux, ont toujours été rapportés par le calcul à 1000 grammes d'eau ou au poids des résidus fournis par cette quantité d'eau.

Ainsi, d'après les procédés d'analyse indiqués dans le chapitre précédent :

1000 gr. d'eau puisés par nous au mois de septembre 1838, et évaporés au laboratoire de l'Académie, ont donné 5,08 de sels sans eau de cristallisation.

5,08 ont donné par le chlorure de baryum 8,95 de sulfate, dont l'équivalent d'acide est 3,08.

5,08 ont donné une quantité de chlorure de calcium qui correspondait à 0,19 de chaux saturant 0,56 d'acide sulfurique, ce qui indique 0,75 de sulfate.

5,08 ont donné 0,33 de magnésie représentant 0,99 de sulfate.

5,08 ont donné 0,14 d'alumine, dont l'équivalent d'acide est 0,33, ce qui correspond à 0,47 de sulfate.

Enfin 1,43 de mélange de sesqui-oxyde de fer et de manganèse oxydé provenant de la calcination toujours de 5,08 de résidu ont fait perdre aux boutons de cuivre 0,260, dont l'équivalent d'oxygène = 0,66, correspondant à 0,649 de sesqui-oxyde ferrique; quantité qui indique par différence 0,78 en oxyde de manganèse.

0,649 sesqui-oxyde de fer (Fe^2O^3) = 0,58 protoxyde, quantité qui correspond à 1,25 de sulfate de protoxyde de fer, et les 0,78 d'oxyde de manganèse ('MnOMnO') à 1,55 de sulfate. Il résulte donc, d'après tout ce qui précède, que l'eau de la source *haute ou forte Richard* est formée des principes suivants :

Sulfate	de manganèse.	1,55
—	de fer (1).	1,25
—	de magnésie.	0,99
—	d'alumine.	0,47
—	de chaux.	0,75
Silice.		0,07
Eau pure.		994,92
		1000,00

Les concrétions que l'eau de cette source dépose dans les tuyaux, sont formées d'une très-

(1) Nous nous bornons à indiquer dans ce tableau le fer à l'état de sulfate de protoxyde ; mais il reste bien établi que dans cette eau il s'en trouve une partie à l'état de sesqui-oxyde, comme le prouvent à la fois l'analyse qualitative et l'excès du poids de l'acide sulfurique par précipitation.

grande quantité d'un sous-sulfate de sesqui-oxyde de fer mélangé de sulfate de chaux, de sulfate de manganèse, et d'une très-petite quantité de sulfate d'*alumine*.

Source douce ou basse Richard.

Cette source, située au nord et à une centaine de mètres de distance de Cransac, est la première que l'on trouve en remontant le vallon; il paraît que l'expérience l'a désignée depuis longtemps comme la plus efficace dans le plus grand nombre des cas; aussi réunit-elle à elle seule beaucoup plus de malades que toutes les autres ensemble.

1,000 gr. puisés au mois de septembre 1838 ont donné 6,15 de résidu salin; et tous les résultats de l'analyse ont été ramenés par le calcul à cette quantité; ainsi :

6,15 = 11,94 sulfate de baryte, dont l'équivalent d'acide égale 4,222.

6,15 ont produit une quantité de chlorure de calcium qui correspond à 6,15 de chaux, dont l'équivalent d'acide est 1,815, ce qui correspond à 2,43 de sulfate calcique.

6,15 = 0,73 magnésie pour 2,20 de sulfate.

6,15=0,32 alumine, qui prend en acide sulfurique 0,823 et forme 1,15 de sulfate aluminique.

Enfin les 6,15 = 0,159 d'un mélange de sesqui-oxyde de fer et de manganèse, qui a pris aux boutons de cuivre un poids de 0,042, dont l'équivalent d'oxygène correspond à 0,08 de sesqui-oxyde qui conduit par différence avec le poids primitif du mélange à la quantité de 0,079 d'oxyde de manganèse.

0,08 de sesqui-oxyde de fer (Fe^2O^3) $=$ 0,07 de protoxyde représentant 0,15 de sulfate ferreux. Et 0,079 d'oxyde de manganèse ($^2MnO\,MnO^2$) $=$ 0,065 de protoxyde qui correspondent à 0,14 de sulfate.

Cette eau renferme aussi une matière organique noire, d'odeur bitumineuse, soluble dans l'alcool, quand elle n'a point été modifiée par la chaleur, et dont nous évaluons le poids à 0,02 par 1000, plus quelques traces de *silice*. En résumé, 1000 d'eau de la source ~~*haute*~~ *Richard* douce renferment.

Sulfate	de chaux.	2,43
—	de magnésie.	2,20
—	d'alumine.	1,15
—	de fer.	0,15
—	de manganèse.	0,14
Matière organique noire bitumineuse		0,02
Silice.		0,02
Eau pure.		993,89
		1000,00

Source basse Richard.

(*Nota*. L'eau de cette source sert à laver les bouteilles.)

Cette source coule dans le même pavillon que la source douce ou basse Richard dont il vient d'être question; elle n'est guère employée aujourd'hui que pour laver les bouteilles ; mais elle a dû être fort en vogue autrefois ; car le chevalier Jaucourt rapporte que de son temps on puisait les eaux à deux fontaines qui n'étaient qu'à six pieds l'une de l'autre, et ces deux fontaines ne peuvent être que celles-ci et la précédente : toujours est-il que leur composition diffère quant à la nature et la quantité des principes. Nous nous sommes bornés, pour cette source, à un examen qualitatif.

Le résidu d'évaporation était formé, savoir :

De sulfates de magnésie.
— de chaux.
— d'alumine.
— de manganèse.

Nota. Le sulfate de magnésie y domine.

Source douce ou basse Bezelgues (1).

C'est cette eau que l'on boit aujourd'hui et qui, d'après quelques habitants de Cransac, n'aurait jamais été analysée.

1000 d'eau = 3,52 de sels sans eau de cristallisation.

1° 3,52 sels ont donné 7,20 sulfate de baryte représentant, acide sulfurique. 2,45

2° 3,52 = 0,37 de magnésie dont l'acide est de 0,75

3° 3,52 = 0,305 de chaux dont l'acide est. . . . 0,95

4° 3,52 = 0,27 d'alumine dont l'acide est. . . . 0,68

5° 3,52 = 0,088 d'oxyde de manganèse dont l'acide est égal à. 0,102

(1) Le résidu que nous avions apporté de Cransac nous avait indiqué des traces de fer bien sensibles. Ce fer provenait sans

Ainsi, d'après ces résultats, l'eau de cette source renferme :

Sulfate	de magnésie.	1,12
—	de manganèse.	0,40
—	de chaux.	1,21
—	d'alumine.	0,95
Eau	pure.	996,53
		1000,00

Source basse Bezelgues.

(*Nota*. Cette eau ne sert guère aussi qu'à laver les bouteilles).

L'eau de cette source coule dans le même pavillon que la source précédente. Les personnes avec lesquelles l'un de nous s'est trouvé en relation à Cransac pensent que c'est la même qui a été analysée par Vauquelin ; elle nous a présenté sensiblement les mêmes résultats que la précédente, et de plus une quantité assez appréciable de sulfate de fer. Vauquelin y a aussi constaté les sulfates de magnésie, de chaux, d'alumine et de manganèse ; mais il n'y a point indiqué du fer, ce qui nous porte à penser que c'est plutôt l'eau de la source Bezelgues que les malades boivent aujourd'hui qu'il a analysée, et non celle dont il vient d'être question ici.

Source du Pré Galtier.

A un mille environ d'Aubin, en remontant le

doute de vases, car l'eau prise sur les lieux à la même époque, et évaporée au laboratoire de l'Académie, n'en a point indiqué.

ruisseau de Cransac, on aperçoit sur la gauche une source très-abondante, désignée dans le pays sous le nom de source du *Pré Galtier,* et dont la composition diffère essentiellement de celle de toutes les autres sources de Cransac.

Cette eau est claire et limpide, incolore, inodore, d'une saveur légèrement aigrelette; elle rougit le tournesol et laisse dégager à l'air d'abondantes bulles de gaz carbonique; elle dépose à peu de distance de la source, et pendant son trajet, un dépôt ocracé, et devient presque insipide.

1,000 gr. de cette eau nous ont donné le faible résidu de 0 gr. 6, formé de :

Carbonate de manganèse.	Ces deux sels dominent.
— de fer ou sesqui-oxyde. .	
Carbonate de chaux.	
— de magnésie.	
Puis quelques traces de sulfate de chaux.	

Ici les oxydes métalliques sont dissous par l'acide carbonique, et non par l'acide sulfurique.

VII.

Eaux toxiques.

Nous réunissons dans cette classe les eaux des diverses sources de Cransac, qui nous ont paru pouvoir déterminer, par la nature des principes qu'elles renferment, des effets toxiques plus ou moins graves prises intérieurement à doses de 400 à 500 grammes. L'expérience a du reste prononcé pour quelques-unes de ces sources. Ainsi les sources haute ou forte Bezelgues, dont il va être question, nous ont été signalées par plusieurs personnes comme ayant occasionné tous les symptômes d'un empoisonnement et la mort chez des malheureux qui en avaient fait usage sans discernement, jugeant sans doute de leur efficacité par leur saveur désagréable, ou bien encore pour épargner *les quelques sous* qu'il faut donner pour boire pendant plusieurs jours celles qui sont employées.

Quoique toutes ces eaux contiennent du sulfate d'alumine, ce n'est point à ce sel que nous croyons devoir attribuer leurs propriétés énergiques; il ne s'y trouve point en assez forte proportion, et les expériences de M. Orfila sur le sulfate d'alumine et de potasse semblent indiquer que ce sel ne peut être considéré comme un poison très-actif.

C'est donc aux grandes proportions de sulfate de sesqui-oxyde de fer qu'il faut attribuer les effets toxiques de ces eaux de Cransac. Plusieurs considérations viennent à l'appui de cette opinion; et d'abord les expériences du savant toxicologue que nous venons de citer, qui a vu que le sulfate de protoxyde de fer pouvait donner la mort à des doses de deux gros. Puis la capacité de saturation du sesqui-oxyde et la facilité avec laquelle son persulfate passe à l'état de sous-sel et de sel *très-acide*, tout cela, disons-nous, vient nous confirmer dans notre manière de voir.

Source haute ou forte Bezelgues.

Cette source est au nord de Cransac, à 7 ou 800 mètres des sources *douce Richard* et *douce Bezelgues*, toujours sur la rive gauche du ruisseau, en remontant le vallon.

La saveur de cette eau est styptique et des plus prononcées ; elle rougit le tournesol : au sortir du tuyau elle marque 10 à 12 degrés centigrades, coule limpide et incolore ; mais en prenant une température ambiante de 20 à 25 degrés, elle acquiert une teinte légèrement rougeâtre, due à la formation d'un sous-sulfate de sesqui-oxyde de fer ; ce composé se trouve au fond des bouteilles où l'eau a séjourné pendant quelque temps.

Quand on soumet cette eau à l'action de la chaleur, sa teinte rosée commence d'abord par se manifester, puis devient d'autant plus sensible que la température s'élève et s'approche de 40 à 45° centigrades; c'est alors qu'elle laisse déposer un sédiment ocracé, de plus en plus abondant et progressif avec la température.

Si on continue à chauffer l'eau de manière à l'évaporer complétement, le sédiment ocracé, reconnu pour un *sous-sulfate de fer*, disparaît à un certain degré de concentration, et l'on obtient pour résidu un produit d'un jaune orangé, faible, jouissant, quoique mélangé à quelques sels étrangers, de tous les caractères du sulfate de sesqui-oxyde de fer, dont MM. Bussy et Lecanu nous ont fait connaître la composition.

Le résidu de l'évaporation a été traité par l'eau, et la liqueur n'a point indiqué par les réactifs la présence du sulfate de protoxyde de fer.

Pour ne pas revenir sur les procédés déjà longuement décrits plus haut, nous nous bornerons à indiquer les résultats obtenus avec l'eau de cette source :

1000 grammes de la source haute ou forte Bezelgues sont formés de :

Sulfate de sesqui-oxyde de fer.	9,0
— de manganèse.	0,2
— de chaux.	0,4
— de magnésie.	
— d'alumine.	
Eau pure.	990,4
	1000,0

Tout à côté de cette *source haute ou forte Bezelgues*, et dans le même pavillon, coule une autre source formée des mêmes principes, mais en moindre proportion; la saveur seule suffit pour les distinguer l'une de l'autre; les réactifs y ont démontré le fer à l'état de proto et de sesqui-oxyde, puis les autres principes déjà signalés.

Source du fossé Galtier.

La source du fossé Galtier paraît sortir d'une

charbonnière abandonnée, à 5 ou 600 mètres, et à l'ouest de Cransac; elle forme un petit ruisseau qui traverse la route d'Aubin.

L'eau en est claire et limpide, réagit sensiblement sur le tournesol, et sa saveur est fortement styptique.

Mille grammes d'eau ont donné pour résidu 6,2 de sel sans eau; ce résidu était formé de

Sulfate	de protoxyde de fer.	4,0
—	de sesqui-oxyde.	
—	d'alumine.	
—	de chaux.	2,2
—	de magnésie.	
—	de manganèse. . . (traces) . .	
		6,2
Pour eau pure.		993,8

Source d'Omergue.

Nous ignorons la position topographique de cette source qui cependant paraît assez connue dans le pays.

Mille grammes d'eau évaporés en hiver par M. Andrieux ont fourni un résidu de 2,408 sels anhydres.

Ce résidu a indiqué le fer à l'état de sulfate de protoxyde, et les réactifs n'y ont démontré que des traces de sesqui-oxyde qui avaient pu se former pendant l'évaporation.

Voici la composition du résidu que nous a envoyé M. Andrieux :

Sulfate de protoxyde de fer. . . . . . — de sesqui-oxyde (traces). . . .	1,35
— de manganèse.	0,42
— d'alumine.	0,21
— de chaux. . . . . — de magnésie.	0,12
Pour eau pure.	997,90
	1000,00

Source de la Vaisse.

Cette source comme la précédente ne nous est point connue ; voici le résultat du résidu qui nous a été expédié à Paris, savoir :

Mille grammes d'eau ont donné le résidu *sec* de 1 gr. 6, qui, d'après une analyse *approximative*, nous a paru formé

De 0,9 sulfate de protoxyde, sesqui-oxyde de fer.
De 0,2 sulfate de manganèse.
De (traces) de sulfates d'alumine, de chaux, de magnésie.

Nous devons ajouter que dans toutes ces sources de Cransac, comme dans toutes les autres, nous avons vainement cherché la potasse, la soude, la lithine et l'ammoniaque.

Nous disons enfin que dans un cas d'empoisonnement par l'eau toxique de la source *forte Bezelgues*, ou de plusieurs autres de Cransac, le phosphate, le bicarbonate et le borate de soude (borax), pourraient sans doute être administrés avec avantage, car ces sels forment avec l'oxyde ferrique des combinaisons insolubles ou à peine solubles.

Formation des eaux de Cransac.

En examinant la situation topographique de Cransac, la nature du terrain qui constitue le montet, et la partie du volcan, on reconnaît aisément que l'eau des diverses sources de Cransac est minéralisée par les produits de la décomposition de schistes pyriteux manganésifères. L'analyse de plusieurs produits pris soit à la surface du montet, soit d'un peu plus avant dans le sol, y fait reconnaître tous les éléments que présente l'eau elle-même, et notamment le sulfate de sesqui-oxyde de fer, et les sulfates de chaux, d'alumine, de manganèse et de magnésie ; enfin, des efflorescences de soufre décèlent aussi l'origine de ces décompositions pyriteuses qui sont accompagnées au volcan de beaucoup de gaz sulfureux chlorhydrique et carbonique.

VIII.

Propriétés médicales.

Quoique dans ce mémoire nous n'ayons d'autre but que de faire connaître la nature chimique des eaux de Cransac, nous croyons cependant devoir indiquer ici rapidement et d'une manière générale leurs propriétés médicales et les maladies dans lesquelles elles ont été jusqu'à ce jour administrées avec le plus de succès. Nous laissons aux médecins de la contrée le soin d'entrer dans de plus longs détails sur tous ces points.

Vers le commencement du siècle dernier, plusieurs savants ont signalé les propriétés médicales des eaux de Cransac. Lémery (1), James (2), le chevalier de Jaucourt (3), les ont données comme apéritives et purgatives, et comme produisant les meilleurs résultats dans les maladies provenant d'obstruction. Depuis cette époque, les auteurs qui s'en sont occupés sont venus corroborer cette première assertion et en ont émis à leur tour de nouvelles.

Alibert les a préconisées contre les rhumatismes chroniques, les névroses périodiques, l'hypocondrie et la paralysie; il a fait voir en même temps les inconvénients qu'il y avait à les administrer à des sujets sanguins atteints d'affections aiguës

B. Murat et M. Victor Murat les ont administrées avec beaucoup de succès chez des individus lymphatiques dans le cas de débilité des premières voies d'empâtements abdominaux, d'affections scrofuleuses, leucorrhéiques, dans le traitement des fièvres quartes rebelles. Ces deux auteurs citent plusieurs observations fort curieuses concernant toutes ces maladies bien dignes de fixer

(1) Histoire de l'Académie des sciences.
(2) Jaumet, traduit de l'anglais, 1747.
(3) Encyclopédie de Diderot, t. IX, p. 857.

l'attention des praticiens; ils signalent aussi les désordres plus ou moins graves qu'elles occasionnent quand elles sont administrées à des malades atteints d'affections aiguës.

Enfin, nous ajouterons à tout cela que nous avons été témoins de quelques succès bien tranchés obtenus par le docteur Galtier dans des cas de fièvres intermittentes rebelles, de certaines maladies hépatiques, et surtout contre le tœnia.

A des doses de deux ou trois livres, d'après M. V. Murat, la source douce Richard produit une excitation légère de l'estomac, porte aux urines et occasionne quelques purgations. Après un usage de quelques jours, on voit se déterminer une amélioration sensible dans l'état du malade et son appétit revenir; à des doses plus fortes, elle occasionne des sentiments de pesanteur à l'estomac souvent accompagnées de céphalalgies, de nausées et de vomissements.

D'après le même auteur, la source haute ou forte Richard, bue à la dose de trois ou quatre verres, procure un appétit plus vif, active la digestion et purge un peu moins que la source précédente; après un usage de quelques jours, on voit chez les malades *qui peuvent la supporter* le teint devenir plus frais et les chairs prendre plus de consistance. A des doses plus fortes, surtout chez des malades faibles et irritables, elle produit une chaleur au gosier, des douleurs à l'épigastre, une céphalalgie plus ou moins vive, la constipation, des nausées, et des vomissements.

Les sources douces Bezelgues, que nous ne connaissons que très-imparfaitement sous le rapport médical, sembleraient agir, d'après quelques personnes, d'une manière assez analogue aux sources douces Richard. Mais si on juge de leurs propriétés d'après la quantité de sel qu'elles renferment, leur action doit être bien moindre.

Quant à la source du *pré Galtier*, nous n'avons aucune observation qui nous permette de nous prononcer sur ses propriétés médicales. Les résultats d'analyse semblent indiquer qu'elle pourrait occasionner des résultats ayant quelque analogie aux sources de Vichy et de Vic; mais ceci a besoin d'être confirmé par l'expérience (1).

Résumé.

Il résulte donc de notre analyse :

1° Que les eaux de Cransac, où l'on avait indiqué du gaz acide carbonique et des carbonates, ne contiennent point de traces de ces deux produits (1). Elles ne renferment que des sulfates, anomalie qui se conçoit quand on sait qu'elles arrivent à la surface du sol après avoir traversé des couches volcanisées.

2° Que quelques eaux de Cransac que l'on boit journellement contiennent environ cent fois

(1) L'eau de la source du pré Galtier n'est pas comprise dans les eaux de Cransac.

plus de fer que des sources désignées jusqu'à ce jour comme très-ferrugineuses.

3° Que la plupart des eaux de Cransac rougissent le tourne-sol, et que cette action est due aux per-sulfates qu'elles contiennent : *celui d'alumine* et *celui de fer*.

4° Que ces eaux renferment, en assez forte proportion, deux sels qu'on n'avait que très-rarement admis tout formés dans la nature : *le sulfate de sexquioxyde de fer, et le sulfate de manganèse.*

5° Que le sulfate de manganèse paraît jouer un rôle important dans leurs propriétés médicales; car quoiqu'il soit vrai de dire que la plupart des eaux médicinales de Cransac contiennent également les sulfates de fer et de manganèse, il en est deux cependant dont on ne saurait entièrement nier les effets, qui ne renferment point de fer, tandis que nous y avons constaté le sulfate de manganèse en quantité assez notable.

6° Enfin, que parmi les sources de Cransac il en est qui donnent des eaux dont les heureux effets ne sauraient être contestés, tandis qu'il en est d'autres que l'on doit considérer comme *toxiques*.

FIN

TABLE DES MATIÈRES.

FIN DE LA TABLE DES MATIÈRES.

PARIS. — IMPRIMERIE DE FAIN ET THUNOT,
RUE RACINE, 28, PRÈS DE L'ODÉON.

www.ingramcontent.com/pod-product-compliance
Lightning Source LLC
Chambersburg PA
CBHW071337200326
41520CB00013B/3012
9782019588205